BEI GRIN MACHT SICH IHR WISSEN BEZAHLT

- Wir veröffentlichen Ihre Hausarbeit, Bachelor- und Masterarbeit

- Ihr eigenes eBook und Buch - weltweit in allen wichtigen Shops

- Verdienen Sie an jedem Verkauf

Jetzt bei www.GRIN.com hochladen und kostenlos publizieren

Manuela Müller

Strukturen und Entwicklungsleitlinien der europäischen Stadt

Die römische und mittelalterliche Stadt

GRIN Verlag

Bibliografische Information der Deutschen Nationalbibliothek:

Die Deutsche Bibliothek verzeichnet diese Publikation in der Deutschen National-
bibliografie; detaillierte bibliografische Daten sind im Internet über http://dnb.d-
nb.de/ abrufbar.

Impressum:

Copyright © 2007 GRIN Verlag GmbH
Druck und Bindung: Books on Demand GmbH, Norderstedt Germany
ISBN: 978-3-640-20425-0

Dieses Buch bei GRIN:

http://www.grin.com/de/e-book/80120/strukturen-und-entwicklungsleitlinien-der-
europaeischen-stadt

GRIN - Your knowledge has value

Der GRIN Verlag publiziert seit 1998 wissenschaftliche Arbeiten von Studenten, Hochschullehrern und anderen Akademikern als eBook und gedrucktes Buch. Die Verlagswebsite www.grin.com ist die ideale Plattform zur Veröffentlichung von Hausarbeiten, Abschlussarbeiten, wissenschaftlichen Aufsätzen, Dissertationen und Fachbüchern.

Besuchen Sie uns im Internet:

http://www.grin.com/

http://www.facebook.com/grincom

http://www.twitter.com/grin_com

Universität Trier

Fachbereich VI – Geographie

Proseminar: Stadtgeographie SS 07

Strukturen und Entwicklungsleitlinien der europäischen Stadt

Manuela Müller

Fachsemester: 4

Inhaltsverzeichnis

1. Einleitung

Europäische Städte, wie wir sie heute kennen, haben sich über Jahrhunderte, sogar über zwei tausend Jahre lang entwickelt. Noch heute sehen wir Überreste aus längst vergangenen Zeiten, die uns die Geschichte und Entwicklungen der Städte oft schon erahnen lassen. Die meisten europäischen Städte sind geprägt durch den zeitlichen Verlauf und deren Auswirkungen auf die Gestaltung dessen. Eine europäische Stadt beinhaltet Geschichte und ist gleichzeitig, aber auch gerade deshalb, ein revolutionärer Ort. Im Laufe der Hausarbeit soll aufgezeigt werden, wie die Städte strukturiert sind, inwiefern die Zeit sie in ihrer Entwicklung geprägt hat und welche verschiedenen Typen es von einer europäischen Stadt gibt.

2. Die römische Stadt

Die römische Stadt hat sich ab ca. Chr. Geburt bis ca. 5./6. Jahrhundert entwickelt und besitzt ihren Ursprung in der antiken griechischen Stadt (polis). Bis zum 1. Jahrhundert n. Chr. haben sie sich in ganz Gallien, im nordwestlichen Germanien und auch in England ausgebreitet. „Der römische Städtebau entwickelte sich mit der Ausweitung der politischen, militärischen und wirtschaftlichen Macht Roms" (BÄHR/JÜRGENS 2005, S. 84). Man unterscheidet zwischen Bäderstädte, Lagerstädte, die an Lager und Kastelle angelehnt waren, und natürlich auch Bürgerstädte, die rein aus Anliegen seitens der Bürger erbaut wurden. Entlang des Rheins fand man die meisten römischen Städte, wie beispielsweise Köln, Mainz, Worms, Straßburg und Basel, aber auch entlang des rechten Donauufers, wie zum Beispiel Regensburg, entwickelten sich römische Städte. Die wohl bedeutendste römische Stadt war Trier, als Hauptstadt des römischen Westreiches (275 n. Chr.). Nach einem bestimmten Ritual wurden die Stadtgründungen durchgeführt: Zunächst wurde an einem ausgewählten Ort Vorzeichen gedeutet, meist tierische Rituale, um zu prüfen, ob dieser Standort gesundheitlich in Ordnung war. Danach erst wurden die äußere Merkmale und die Struktur der entstehenden Stadt festgelegt. Die Ost-West-Hauptstraßenfestlegung war dabei ein fester Bestandteil und somit besonders wichtig. Zum Schluss wurde die Stadt geweiht und besaß somit den Schutz der Götter, die nun fort an über sie wachen werden. Römische Städte waren meist nach einem ganz bestimmten Schema aufgebaut: Sie befanden sich größtenteils an römischen Heerstraßen auf einer Ebene. Im Mittelmeerraum erfolge die Grundrissgestaltung ab ca. 450 v. Chr. überwiegend im Rechteckraster, welches man als das Hippodamische Schema bezeichnet. Als Grundriss wiesen sie als Normalschema die quadratische oder rechteckige Anordnung auf.

Abb. 1: „ Die Römerstadt Venta Silurum (Caerwent)"

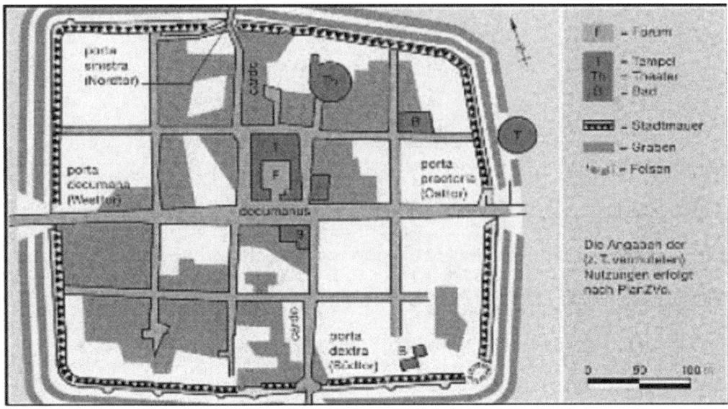

Quelle: BÄHR J./ JÜRGENS U.(2005), S. 85

„Die durch die rechtwinklige Straßeneinteilung geschaffene Quartiere hießen Insulae"
(HEINEBERG 2001, S. 202). Meist führten eine Nord-Süd-Achse (cardo) und eine Ost-West-
Achse (decumanus) durch die Stadt. Am Schnittpunkt dieser beiden Hauptstraßen lag das
Forum, meist ein rechteckiger Platz, an dem die größeren öffentlichen Gebäuden, wie etwa
Verwaltung und Gericht, lagen. In Trier liegt noch heute der Palast in der Mitte der Stadt.
Außerhalb der Wälle und Gräben lagen die Thermen, Tempel und Theater. Das städtische
Leben spielte sich somit also eigentlich vor den Toren der Militärlager ab. Denn dort waren
Gaststätten, Theater und Verkaufsstätten angesiedelt. Die oben genannten insulae waren
mehrgeschossige Mietshäuser, die eine Höhe von bis zu 20m erreichen konnten und somit bis
zu 5 Stockwerke beinhalteten. Diese Mietshäuser wurden an Verwalter verpachtet, die sich
um die Häuser und um die Eintreibung der Mieten kümmerten. Es ergab sich eine stark
baulich verdichtete Stadt, die besonders von Flüchtlingen aufgesucht wurden, die Arbeit und
Zuflucht suchten. Oft kam es zu Bränden innerhalb der Stadt, die eine Wiederaufbauung zur
Folge hatte. Nicht selten kam der Verdacht auf, dass die Brände absichtlich gelegt worden
seien, um die Stadt besser gestalten zu können, wie etwa bei dem großen Brand von Rom
unter Nero. Je größer die Städte wurden, desto „eher ging das Prinzip der Regelmäßigkeit
verloren und löste sich in den Vorstädten, was limitatio und orientatio anbelangt, vollends
auf" (BÄHR/JÜRGENS 2005, S. 86). In ganz Süd- und Westeuropa entwickelten sich bis zu
2000 Städte, die in Form von Kolonien, als Romanisierung der oppida oder als militärische
Einrichtungen erfolgten. Die spätrömische Zeit um das 3./4. Jhd. n. Chr. galt als Höhepunkt
dieser Epoche, in der zum Beispiel in Trier einzigartige Bauwerke entstanden. „Mit der
Eroberung der Römerstädte durch die Alemannen und Franken begann deren Verfall. Für

zahlreiche Städte ist eine siedlungsgeschichtliche Kontinuität in nachrömischer Zeit nachweisbar, wenngleich die ehemaligen römischen Stadtgebiete im Mittelalter im Allgemeinen nur zu einem kleinen Teil besiedelt waren (Beispiel: Trier) und das Straßennetz größtenteils von dem römischen Schachbrettschema abwich" (HEINEBERG 2001, S. 203).

3. Die mittelalterliche Stadt

Nachdem das römische Reich zerfallen war, kam es zum teilweisen Verfall der europäischen Städte. Nach BÄHR/JÜRGENS (2005, S. 87) sollte im 6.-10. Jh. der Prozess der Verländlichung das soziale Leben bestimmen. Es entwickelte sich mehr und mehr eine soziale Schichtung, die die Gesellschaft in Stände einteilte. Diese Stände spiegelten sich vor allem im städtischen Leben wieder. Im 14. Jh. hatte die Oberschicht, die sich rund um das Zentrum der Stadt, also am Markt, niederließ, das Sagen. Dennoch machte die städtische Mittelschicht den Großteil der Bevölkerung aus. Das waren überwiegend Gewerbetreibende und Handwerker, welche nur in bestimmten Straßen vorzufinden waren. Hauspersonal, Tagelöhner und Lehrlinge beispielsweise gehörten der Unterschicht an und lebten am Rande der Gesellschaft. „Nur individuelle Vermögensverhältnisse erlaubten es, einen Standortwechsel hin zum prestigeträchtigeren Zentrum der Stadt vorzunehmen" (BÄHR/JÜRGENS 2005, S. 92). Die geschichtete Sozialstruktur zeigte sich vor allem auch in dem äußeren Erscheinungsbild der Behausungen. Einige Häuser waren mit Stuck, Wandmalerei und Sockel verziert, welche den Wohlstand der jeweiligen Familie widerspiegelte. Die Fachwerkhäuser, die sich ab 1150 entwickelten und durch ihre Holzkonstruktionen besonders brandgefährdet waren, wurden im 13. Jahrhundert von Steinbauten mit Dachziegeln abgelöst. Durch das kontinuierliche Ansteigen der Behausungsziffer, also der Zahl der Wohnungen je Wohngebäude, und der Baudichte, mussten schon bald immer wieder neue Befestigungsmauern um die neu entstandenen Vorstädte gezogen werden. In den Häusern lebten nur selten mehrere Familien. Meist waren es Kernfamilien, die zusammen mit ihrem Dienstpersonal unter einem Dach, wenn auch räumlich strikte getrennt, lebten. Die Wasserversorgung war jedoch nicht annähernd zu komfortabel wie im römischen Reich, bei denen die Wasserleitungen bis in die Wohnungen führten. Lediglich öffentliche Einrichtungen, wie Bäder oder Brunnen, wurden ausreichend mit Wasser versorgt. „Die Verstädterungsquote Europas lag im 15. Jh. bei 20-25%, in Brabant sogar bei einem Drittel, wobei der Großteil der Städter in Klein- und Mittelstädten mit weniger als 2.000 Einwohner lebte" (ENNEN 1987, S. 228 f.). Im 14. Jahrhundert nahm die Zahl der Stadtgründungen ab und auch die Einwohnerzahlen schrumpften. Noch stärker war der ländliche Raum betroffen, der teilweise bis zu 80% an Menschen verarmte. Ursache waren unter anderem die langjährigen Kriege, die Teile der Bevölkerung vertrieben oder töteten, die Ausbreitung der Pest im 14. Jahrhundert, die Hungersnöte in den Jahren 1315 und 1316 und letztendlich auch die Wirtschaftskrise im Spätmittelalter. Später galten so genannte Hansestädte als wichtiger Umschlagplatz zwischen Ost- und Westeuropa. Durch ein dichtes Straßennetz und eine hervorragende Lage galt beispielsweise Lübeck als ein wichtiger Transitplatz. Zur Form der Städte gehörte meistens ein bis zu vier Hektar großer, viereckiger Marktplatz. Auf sich kreuzenden (Handels-)Straßen siedelten sich schnell Märkte und Messen an, wo die Bauern, die in Abhängigkeit zur Stadt standen, ihre Ware verkaufen konnten (Abnahmegarantie).

Nach HEINEBERG (2001, S. 203) lassen sich die mittelalterlichen Stadtentwicklungen und Stadttypen nach Stadtentwicklungsepochen gliedern.

3.1 Die frühmittelalterliche Keimzelle

(Karolingische) Königshöfe entlang von Heer- und Handelsstraßen waren beispielsweise Dom- oder Klosterburgen, welche als Keimzellen der Stadtentwicklung galten und neben denen sich oft kaufmännische Siedlungen (Wiks) niederließen. Im 10. Jahrhundert begann das gemeindliche Leben in den Wiks durch die Entstehung von Kaufmannsgilden. Vorher waren Burg und Kaufmannssiedlung getrennt voneinander, sodass ein gemeinsames Leben kaum möglich war, wie am folgenden Bild erkennbar ist.

Abb. 2: „Bürgerliche Vorstadt vor einer mittelalterlichen Burganlage"

Quelle: http://www.e-geography.de/module/stadt_2/images/vorstadt.jpg, 19.07.07

3.2 Mutterstädte

Die so genannten Mutterstädte, die sich durch ein gewerbliches Marktwesen auszeichnen, breiteten sich bis 1150 vom Maas-Schelde-Raum, über das Rheinland bis an die Ostmarken (Elbe/Donau) aus. Der Markt galt als Kern der mittelalterlichen Stadt, die meist aus bürgerlichen Motiven entstanden ist und somit auch als Bürgerstadt bezeichnet wird. Der Markt als Mittelpunkt der Stadt wurde dementsprechend optisch gestaltet und war überwiegend an der Handelstraße angesiedelt, welches positive Nutzungen durch kurze Wege und einen festen Standort nach sich zog. Die im 11. und 12. Jahrhundert erfolgten Stadterweiterungen, vollzogen sich durch die Anfügung neuer Siedlungen an den Stadtkern bzw. die Altstadt. Dadurch kam es meist zu einer Veränderung der ursprünglichen Form der Stadt. Eine besondere Formveränderung der ursprünglichen Stadt kam durch die Neuentwicklung von eigenen Städten, im Rahmen von Ansiedlungen an die Kernstadt. Die Doppelstädte oder sogar auch Gruppenstädte waren Sonderformen und gehörten zur ursprünglichen Stadt, waren aber (zunächst) selbständig.

Abb. 3: „Braunschweig: Mittelalterliche Gruppenstadt"

Quelle: Heineberg 2001, S. 197 (verändert)

3.3 Gründungsstädte älteren Typs

Ab ca. 1122 entstanden Gründungsstätte älteren Typs, deren Vorbild die Mutterstädte waren. Diese Städte waren überwiegend planmäßig angelegt und befanden sich meistens in einer günstigen Verkehrslage. Es waren Fernhandelsstädte, die von Kaufleuten getragen wurden. Sie wiesen eine breite Handelsstraße mit drei Hauptmärkten auf, auf denen sich das Gewerbe befand. Die Hauptstraße und eine kreuzende Straße bildeten das nach den Zähringern benannte „Zähringer Kreuz". Die Zähringer waren ein schwäbisches Fürstengeschlecht, welches unter anderen die Stadt Freiburg im Breisgau 1120 gründete. Am Ende der vier großen Straßen, die jeweils nach Osten, Süden, Westen und Norden gingen, befand sich ein Stadttor, welches in die Stadtmauer integriert war. Nach HEINEBERG (2001, S. 206) wurde der Markt noch mehr zum Mittelpunkt erhoben, da sich eine Anlage von Längs- und Querstraßen (Rückgrat- und Rippenstraßen) um den Markt umgab. Die Zentrallage des Marktes galt später im13. Jahrhundert als Stadtplansystem bei dem Erbau von neuen Städten, vor allem im Osten.

Abb. 4: „Lübeck: Mittelalterliche Stadtanlage in Rippenform"

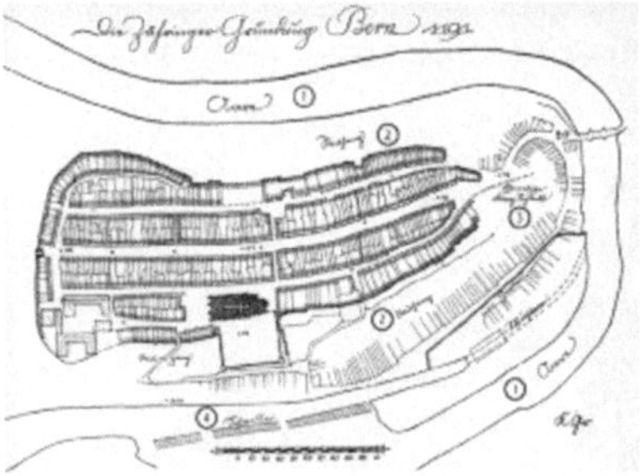

Quelle: http://www.e-geography.de/module/stadt_2/images/bern.jpg, 19.07.07

3.4 Kolonisationsstädte

In den deutschen Gründungsstädten, mit besonderem Augenmerk auf die Städte östlich der Elbe, wurde die Regelmäßigkeit der Stadtanlage stark gesteigert. Man nennt sie Kolonisationsstädte. Sie zeichnen sich durch Gestaltung und Fokussierung des Marktplatzes aus. „Bei diesem im Allgemeinen schematischer Grundrissgestaltung angelegten Städten sind zwei Haupttypen von Marktanlagen zu unterscheiden: Einmal der freie, annähernd quadratische Marktplatz(vor allem in Mecklenburg, Pommern und Westpreußen verbreitet) und als zweiter Typ der größere, mit einem Mittelblock (insbesondere Rathaus) bebaute sog. Ring, wie man ihn in Breslau und im übrigen Schlesien findet" (HEINEBERG 2006, S. 206).

3.5 Territoriale Klein- und Zwergstädte

Zwischen 1200 und 1300 wurden sog. Territoriale Klein- und Zwergstädte gegründet, die vor allem auf eine landesherrliche Gründung zur Stärkung der Territorialmacht zurückgingen. Meist wurden sie daher in Grenzzonen und in Schutzlagen auf Berghöhen oder am Fuße eines Flusses erbaut. Dadurch hatten sie oft eine schlechte Verkehrslage und konnten somit nur sehr wenig Fernhandel betreiben. Sie waren also Städte, die meist nur zum Selbstzweck errichtet wurden. Beispiel für eine Festungskleinstadt wäre Dorsten an der Lippe.

3.6 Minderstädte

Sie gehören den spätmittelalterlichen Stadtgründungen von ca. 1300-1450 an. Vorzufinden waren diese Minderstädte meist in kleinen territorial, zersplitterten Gebieten. Merkmale einer Minderstadt war das fehlen einer Befestigung, die Beschränkung auf lediglich lokale Nahmarktfunktionen und die Verkürzung von Privilegien, wie beispielsweise das Münzeprägen oder das Marktrecht, wie es in anderen Städten der Fall war. Nach HEINEBERG (2001, S. 208) waren Minderstädte also im Allgemeinen städtische Siedlungen minderen Rechts.

4. Fazit

Betrachtet man abschließend die Strukturen und Entwicklung der europäischen Städte im römischen Reich und im Mittelalter, so erkennt man nicht nur Unterschiede, wie man erwarten würde, sondern auch einige Gemeinsamkeiten. Die Gemeinsamkeiten resultieren oft aus der Übernahme von Strukturen wie beispielsweise dem zentralen Marktplatz. Es ist interessant zu sehen, wie die verschiedensten Faktoren, wie Ständegesellschaft oder unterschiedliche Herrschaftsstrukturen, dafür gesorgt haben, dass sie eine Stadt so entwickelt und so verändert und nicht anders. Der zeitliche Verlauf bestimmt also die Entwicklung der Städte. Die Typisierung aber resultiert aus den Situationen. Das Zusammenspiel aus diesen beiden Faktoren macht es deshalb so interessant, Städte in ihrer Struktur und Entwicklung zu betrachten.

Literatur

BÄHR J./ JÜRGENS U.(2005): Stadtgeographie II. Regionale Stadtgeographie.
Stadtstrukturen und Stadttheorien. Westermann, S. 84-97.

ENNEN, Edith (1987): Die europäische Stadt des Mittelalters. Vandenhoeck & Ruprecht.
4.Auflage. Göttingen. S. 228f.

HEINEBERG, H.(2001) : Grundriss Allgemeine Geographie: Stadtgeographie. Schöningh,
Paderborn, S. 116 ff, S. 191ff.

www.e-geography.de

Abbildungsverzeichnis